PORTRAITS

DES FLEURS

PARIS,
IMPRIMERIE DE DUBUISSON ET Ce, RUE COQ-HÉRON, 5.

PORTRAITS DES FLEURS

LA ROSE AZÉLA

PAR

LÉONCE D'ALIXAN

PARIS

MARTINON, LIBRAIRE,
14, Rue de Grenelle-St-Honoré.

G. DE GONET, ÉDITEUR.

1856

PORTRAITS

DES

FLEURS

I

A PROPOS DE ROSES.

Je suis ami du progrès, mais je suis aussi ami de la vérité, et je soutiens que, comme toutes les bonnes choses de ce monde, — voire même les meilleures, — le progrès a son mauvais côté. Quand on s'occupe de tant de sujets, il est impossible qu'on n'en gâte pas quelques-uns : qui trop embrasse mal étreint, et c'est là, à mes yeux, le tort de la science, qui s'attaque à tout sans pitié ni merci.

Je sais pardieu bien que c'est le droit de la science et des savants de tout disséquer, de tout analyser, afin de tout pénétrer, en marchant du connu à l'inconnu ; seulement je trouve qu'en certaines matières, ils usent de ce droit un peu trop rigoureusement. C'est à ce point que, pour peu que cela dure, il ne nous restera pas une seule illusion; et alors viendra certainement la fin du monde; car sans l'illusion l'espèce humaine est impossible; c'est le pain de l'âme, et, grâce aux prétentions de la science, nous sommes, de ce côté, menacés d'inanition. C'est ce que l'histoire de mes amours suffira, j'espère, à démontrer péremptoirement.

II

J'aimais la rose; c'était, à mes yeux, l'emblème de la virginité; j'avais recueilli sur son origine toutes sortes de bons renseignements. J'avais lu quelque part, à ce sujet, qu'au moment où Vénus sortit de l'écume des flots, la terre, ne sachant comment cacher la nudité de cette déesse, avait fait naître les roses pour l'en couvrir. Il y avait, à la vérité, sur cette origine, plusieurs versions : un autre des auteurs que j'avais consultés attribuait la naissance de la rose à la mort d'Adonis. « La déesse au » désespoir, disait-il, couvrait de ses lar» mes le corps du beau chasseur; elle veut » le rappeler à la vie. Efforts inutiles : » l'arrêt de Jupiter est irrévocable. — Du » moins, s'écrie la déesse, que son sang » n'ait point coulé inutilement, et que de » la terre rougie sortent des fleurs nou» velles pour embaumer le corps d'Ado» nis. » — Et aussitôt les roses parurent. Un autre encore prétendait que Zéphyre, amoureux de Flore et ne pouvant l'attendrir, se changea en une fleur inconnue et si belle, que la déesse en fut sur-le-champ éprise, et lui prodigua les plus douces caresses. — C'était la rose.

Mais tous étaient d'accord pour reconnaître à la rose une origine toute divine, et cela suffisait à mon amour-propre. Je savais d'ailleurs que tous les grands hommes de l'antiquité avaient rendu hommage à la rose. Ainsi les anciens Romains jetaient des roses sur les tombaux, et venaient, chaque année, offrir des mets de roses aux mânes de leurs parents et de leurs amis; c'était le front couronné de roses qu'à la table des grands de l'empire les convives échangeaient entre eux la coupe des festins, et Marc-Antoine, à son lit de mort, voulut qu'on le couvrît de roses. Le christianisme lui-même rend une sorte de culte à la rose: la fête de la rose est une des plus belles que l'on célèbre à Rome; et l'étendard que Charlemagne reçut du pape était parsemé de roses.

N'était-ce pas suffisant pour que je fusse glorieux d'avoir si bien placé mes affections?

Eh bien! il a suffi qu'un faiseur de science se trouvât sur mon passage pour que tout mon bonheur fût détruit.

III

C'était à la fois un botaniste et un horticulteur; car il est remarquable que, depuis que les jardins sont devenus rares à Paris, les jardiniers y pullulent; seulement ils se sont faits gens du monde; ils s'intitulent horticulteurs, et, la terre leur manquant, ils passent leur temps à mettre sous cloches une foule de sociétés plus ou moins académiques.

Mon homme était donc membre d'une société d'horticulture quelconque, ce qui n'est pas un bien grand crime; mais en outre il était savant, et cela, dans certains cas, peut devenir une circonstance singulièrement aggravante, comme on va le voir.

— Monsieur, me dit-il en m'abordant fort civilement, vous êtes, m'a-t-on dit, fort amoureux des roses?

— On vous a dit vrai, Monsieur, et c'est un sentiment dont je m'honore. Vous savez, j'imagine, que la rose est d'origine divine? Tous les auteurs sont d'accord sur ce point, et soit qu'elle doive sa naissance à Vénus, à Zéphyre ou à....

— Quel diable de conte à dormir debout allez-vous nous faire là? s'écria-t-il en m'interrompant : cela, mon cher Monsieur, est bon tout au plus à amuser les femmes et les enfants. La rose, ne vous en déplaise, a été créée en même temps que tous les autres végétaux, et elle n'est que de deux jours plus jeune que notre globle.... je parle de la vraie rose, bien entendu; mais peut-être ne connaissez-vous pas la vraie rose?

— Monsieur, répliquai-je assez vertement, lorsque, sur un des plus beaux rosiers de mon jardin, s'épanouit une admirable rose à cent feuilles, croyez-vous que ce soit une vraie rose?

— Non! non! s'écria-t-il; votre rose à cent feuilles n'est qu'un monstre.

IV

Le bout de mes oreilles commençait à rougir, ce qui est toujours d'un très mauvais augure pour mes contradicteurs; mais il paraît que le savant ignorait cette particularité, car il reprit avec beaucoup d'aplomb :

— Oui, Monsieur, vos roses à cent feuilles, vos roses des quatre saisons, roses moussues, roses pompon, roses de roi, et *tutti quanti*, ne sont que des monstres qu'on devrait étouffer et faire disparaître pour toujours des parterres qu'elles déshonorent.

Je le crus fou; mais je voulus voir jusqu'où cela irait.

— Monsieur, continua-t-il, que diriez-vous d'un bel oiseau aux deux pattes élégantes et fines duquel on aurait, par un artifice quelconque, ajouté une vingtaine de laides pattes auxiliaires? Ce serait un monstre, n'est-ce pas? Eh bien! ces roses que vous aimez tant ne sont rien autre chose; c'est par des moyens artificiels qu'on a doublé, triplé, décuplé, centuplé la simple et admirable corolle que la nature leur avait donnée. La vraie rose, Monsieur, la seule vraie, c'est la rose foi....

V

J'allais lui sauter à la gorge, lorsqu'il se reprit :

— Ce n'est peut-être pas là son nom propre, dit-il ; mais elle en a d'autres sous lesquels vous pourrez la reconnaître : on l'appelle *Eglantine*, *Rose des Champs*, *Rose des Bois*, *Rose de Haie*, *Rose de Chien*.....

— Assez, Monsieur, dis-je en l'interrompant; croyez vous que ce soit la Rose de Chien qui ait inspiré aux poètes tant et de si beaux vers?..... Ecoutez!

« Voyez-vous! un parfum éveille la pensée.
Repliez, belle enfant par l'aube caressée,
Cet éventail ailé, pourpre, or et vermillon,
Qui tremble dans vos mains comme un grand pa-
[pillon,
Et puis écoutez-moi.—Dieu fait l'odeur des roses
Comme il fait un abîme, avec autant de choses.
Celle-ci, qui se meurt sur votre sein charmant,
N'aurait pas ce parfum qui monte doucement
Comme un encens divin vers votre beauté pure,

Si sa tige parmi l'eau, l'air et la verdure,
Dans la création prenant sa part de tout,
N'avait profondément plongé par quelque bout,
Pauvre et fragile fleur, pour tous les vents béante,
Au sein mystérieux de la terre géante.
Là, par un long travail que Dieu lui seul connaît,
Fraîcheur du flot qui court, blancheur du flot qui naît,
Souffle de ce qui coule, ou végète ou se traîne,
L'esprit de ce qui vit dans la nuit souterraine,
Fumée, onde, vapeur, de loin comme de près,
— Non sans faire avec tous des échanges secrets,
Elle a dérobé tout : son calme à l'antre sombre,
Au diamant sa flamme, à la forêt son ombre;
Et peut-être, qui sait? sur l'aile du matin,
Quelque ineffable haleine à l'Océan lointain!
Et, vivant alambic que Dieu lui-même forme,
Où filtre, où se répand la terre, vase énorme,
Avec les bois, les champs, les nuages, les eaux,
Et l'air tout pénétré des chansons des oiseaux;
La racine humble, obscure, au travail résignée,
Pour la superbe fleur par le soleil baignée,
A, sans en rien garder, fait ce parfum si doux
Qui vient si mollement de la nature à vous,
Qui vous charme et se mêle à votre esprit, Madame,
Car l'âme d'une fleur parle au cœur d'une femme.
Encore un mot, et puis je vous laisse rêver.
Pour qu'atteignant au but où tout doit s'élever,
Chaque chose ici-bas prenne un attrait suprême,
Pour que la fleur embaume et pour que la vierge aime,
Pour que, puisant la vie au grand centre commun,
La corolle ait une âme et la femme un parfum.

Sous le soleil qui luit, sous l'amour qui fascine,
Il faut, fleur ou beauté, tenir par la racine,
L'une au monde idéal, l'autre au monde réel.
Les roses à la terre, et les femmes au ciel.

Mon savant avait écouté attentivement jusqu'au dernier vers, et, malgré lui, l'admiration se peignait sur ses traits.

— Monsieur, lui dis-je radieux, ce sont des vers de Victor Hugo, rien que cela!

Il se tut; je le croyais vaincu; mais, après avoir, pendant quelques secondes, balancé sa tête sur ses épaules, il reprit en accompagnant ses paroles d'un sourire narquois :

— Ça n'est pas trop mal; malheureusement ce n'est que la paraphrase de ce couplet de Dupaty :

Au sein d'une fleur, tour à tour,
Une heureuse image est placée :
Dans un myrte on croit voir l'amour,
Un souvenir dans la pensée;
La douce paix dans l'olivier,
L'espoir dans l'iris demi-close,
La victoire dans un laurier,
Une femme dans une rose.

Or ces vers, monsieur l'amoureux des onze mille roses, continua cet homme impitoyable, sont d'un poète du siècle dernier, qui, par amour-propre, a fait semblant de vivre encore au commencement de celui-ci. Voyez-vous, mon cher Monsieur, les poètes sont de grands enfants qui font métier de n'avoir pas le sens commun; vous croyez que ceux que nous venons de citer ont chanté la rose parce qu'ils étaient épris de ses charmes, n'est-ce pas? Eh bien! c'est une erreur : ils n'ont été séduits que par la rime :

Rose,
Mi-close,
Ose,
Propose,
Dispose,
Oppose,
Et repose, etc.

Et voilà comment on éblouit les niais.

VI

— Monsieur! m'écriai-je, serait-ce une personnalité?

— Non, Monsieur; c'est une généralité. Ne vous fâchez donc pas, et veuillez accepter ce présent en compagnie d'un bon conseil : le présent, c'est le **TRAITÉ DE BOTANIQUE DE RICHARD, SEPTIÈME ÉDITION**; le conseil, c'est de cultiver un peu moins les poètes et beaucoup plus la science.

Je pris machinalement le livre qu'il me présentait, et l'impitoyable savant me tourna le dos; j'étais anéanti, et, comme, après une si violente émotion, le repos m'était indispensable, j'allai m'étendre sur un des bancs de gazon de mon jardin.

VII

Bientôt il me sembla qu'une grande agitation se manifestait dans mon parterre; toutes les fleurs me parurent douées de la faculté locomotive et de celle de la parole; des groupes se formaient dans lesquels on parlait avec animation. J'arrêtai une violette au passage et la priai de me dire la cause de tout ce mouvement.

— Vous savez, Monsieur, me répondit-elle, qu'après une violente insurrection, les fleurs se sont mises en république. C'était nouveau, et cela alla bien pendant quelque temps; mais la rage du pouvoir ne tarda pas à tout gâter, et il n'y eut bientôt plus parmi nous que des législateurs et des orateurs. Un tel état de choses ne pouvant durer, il est question aujourd'hui de rétablir la monarchie et d'élire une reine. L'heure fixée pour l'assemblée des notables a déjà sonné; souffrez donc que je vous quitte, ou, si vous le préférez, veuillez m'accompagner; vous jouirez d'un spectacle tout nouveau.

VIII

Je suivis la violette, et nous arrivâmes bientôt au bosquet où se tenait l'assemblée.

Beaucoup d'orateurs avaient déjà parlé; plusieurs autres se succédèrent encore à la tribune; la violette, que j'avais accompagnée, fut la dernière qui prit la parole.

— « Mes sœurs, dit-elle, j'ai patiemment écouté tous ceux de mes collègues qui, du haut de cette tribune, ont fait leur éloge; mais quand le lis, étalant sa blancheur, déroule à vos yeux tous ses titres; quand, par exemple, il vous apprend que Clovis reçut du ciel un bouclier empreint de fleurs de lis, et que, plus récemment, saint Louis le portait dans un chaton, il oublie que le monarque y avait joint la *reine-marguerite*. Sur ce point, notre sœur pourrait donc avoir les mêmes prétentions; ainsi, voilà de nouveaux sujets de discorde.

» Quand l'*amaranthe*, la *pivoine* et la *giroflée* vous vantent l'éclat de leurs couleurs, jetez un coup-d'œil sur la *couronne impériale*, et les premières ne seront plus rien à vos yeux. En vain l'*anémone* cherche à émouvoir vos cœurs en vous rappelant les douleurs de Vénus aux larmes de laquelle elle dut le jour, l'*iris*, plus éclatante des couleurs du prisme, n'a-t-elle pas les mêmes droits? Mais l'*iris* est la messagère des dieux, et nous avons besoin d'une reine qui ne quitte pas ses États. Les parfums de la *tubéreuse* ne vous ont-ils pas fait oublier en un instant l'odeur suave dont mon frère le *jasmin* voulait charmer vos sens ?

» Vous laisserez-vous séduire par l'or qui resplendit sur la *renoncule* et la *jonquille*? Mais tout cela n'est que clinquant. Le *bouton-d'or* pourrait vous offrir de véritables richesses; mais les trésors des uns ne font pas le bonheur des autres; ils causent même souvent le malheur de ceux qui les possèdent. Je pourrais vous citer par exemple le *souci* : l'avez-vous vu sourire une seule fois depuis qu'il est devenu possesseur d'un trésor? Toujours sombre, il fuit nos caresses, et croit voir partout une main avide prête à lui ravir son idole.

» Quant à la *tulipe*, je vous le demande, que feraient ses vertus en quelque sorte négatives, dans un siècle où la jalousie, la haine, l'ambition se disputent l'empire de Flore? Il nous faut une reine qui soit l'ornement et le soutien du trône; une reine dont la nombreuse famille assure à l'État une pépinière inépuisable de souverains, et il n'est pas une de vous qui ne soit forcée de convenir que la *rose* seule peut remplir ces conditions impérieusement exigibles.

» Irai-je, pour mieux vous convaincre, dérouler à vos yeux les fastes de l'histoire de cette nombreuse tribu qui s'étend sur toutes les parties de la terre? Vous entretiendrai-je des honneurs qu'on rendit de toutes parts à la rose?.... Les dieux et les hommes ont, dès longtemps, éclairé votre esprit sur le choix que vous devez faire.

Je n'établirai d'ailleurs aucune comparaison entre la souveraine dont je soutiens les droits et ses concurrentes; mais il me sera permis de dire que les belles formes de la *rose*, ce tendre incarnat qui la colore, ce calice à demi clos où respire la volupté, tout en elle vous commande l'amour.

» Mais ce n'est point assez encore : par une faveur insigne, vous voyez réunies en elle et la douceur qui convient à son sexe, et la fermeté qui garantit le trône. Que peuvent les factieux contre les aiguillons dont sa tige est armée? Et ce parfum qu'elle exhale n'est-il pas un antidote assuré contre les passions qui vous divisent? Il fera passer dans vos âmes le calme qui leur est si nécessaire.

» Pour ce qui est de la courte durée de son règne, ne vous en plaignez pas, mes sœurs; cette fragilité elle-même fera votre sécurité, l'approche du néant, le terme fatal des grandeurs, toujours présents aux yeux de la nouvelle reine, l'avertiront sans cesse que chaque instant qu'elle pourrait vous dérober serait une tache à sa gloire, et qu'il lui faut employer tout son temps à faire votre bonheur. Croyez-m'en, que son avénement au trône cimente une nouvelle union entre nous. Ne tardons plus; ce soir peut-être quelques-unes de nos compagnes auront cessé de vivre; qu'elles emportent au moins dans la tombe les regrets de l'amitié. »

IX

Ce discours produisit sur l'auditoire un effet impossible à décrire; les fleurs s'embrassèrent; à l'unanimité, la rose fut proclamée reine, et cette reine était une rose cent-feuilles! Mon savant était battu; j'en bondis de joie... Cela me réveilla!

Je tenais encore à la main le livre que ce maudit homme m'avait donné; je l'ouvris tristement, et voici le résultat de mes investigations.

LA ROSE.

Botanique et Culture.

Les *rosacées* forment la cent trente-quatrième famille des végétaux. Cette famille est très nombreuse, et elle comprend les sujets les plus dissemblables, au moins en apparence; c'est à elle qu'appartiennent les fraisiers, les framboisiers, les pêchers, pruniers, abricotiers, amandiers, cerisiers, pommiers, poiriers, rosiers, etc., etc.; pourquoi? c'est que toutes ces plantes sont *dicotylédones*, *polypétales*, *périgynes*.

Une explication nous semble ici nécessaire : le cotylédon est une partie de l'embryon contenu dans la graine; ce sont des lobes ou corps charnus; leur nombre varie selon les plantes; quelquefois ils manquent tout à fait. On appelle plantes *acotylédones* celles qui n'ont point de cotylédons; *monocotylédones*, celles qui n'ont qu'un *cotylédon*, et *dicotylédones* celles qui ont plusieurs cotylédons.

Le rosier forme à lui seul la cinquième tribu de la famille des rosacées. C'est un arbuste peu élevé, qui croît sur les collines du centre et d'autres parties de la France. Ses tiges sont dressées, rameuses, cylindriques, recouvertes de nombreux aiguillons rougeâtres et recourbés. Leurs feuilles, qui sont alternes et pétiolées, se composent de cinq ou six folioles sessiles, ovales, condiformes, aiguës, dentées en scie, à surface crépue, et d'un vert foncé, un peu tomenteuses à leur face inférieure. Les stipules sont adhérentes avec le pétiole, et un peu cilicées à leurs parties latérales. Les fleurs sont réunies au nombre de deux ou trois au sommet des rameaux; elles sont d'un beau rouge cramoisi, portant au moins sept à huit centimètres de diamètre. Leurs pédoncules sont grêles, cylindriques, assez longs et glanduleux. Le tube de leur calice est presque globuleux, également pubescent et glanduleux; les divisions de son limbe sont un peu divisées latéralement.

Dans l'état sauvage, la corolle ne se compose que de cinq pétales arrondis, un peu échancrés en cœur; mais elle double avec la plus grande facilité dans les individus cultivés.

On compte aujourd'hui près de trois mille espèces de roses; voici les types qui les ont produites :

Première Section.

Rosier a feuilles simples. — *Rosa berberifolia;* fleur d'un beau jaune, à onglets des pétales d'un rouge noirâtre. Variété : *Rosa hardyana.*

Deuxième Section.

Rosier féroce. — *Rosa ferox;* fleur d'un rose foncé, odorante.

Les *rosa rugosa*, *rosa kamtschatika*, appartiennent aussi à cette section.

Troisième Section.

Rosier a bractées. — *Rosa bracteata;* fleur grande, double, blanche, à cœur jaune.

Cette section comprend aussi les *rosa lyllii* et *rosa involucrata.*

Quatrième Section.

Rosier de mai. — *Rosa maialis;* fleur petite, d'un rose pâle.

Rosier turneps. — *Rosa rapa;* fleur rouge.

Rosier glauque. — *Rosa rubrifolia;* fleur petite, d'un rose vif.

Rosier luisant. — *Rosa lucida;* fleur d'un rouge vif.

ROSIER A PETITES FLEURS. — *Rosa parviflora;* fleur d'un rose pâle.

ROSIER DE LA CAROLINE. — *Rosa carolina;* fleur d'un rouge foncé.

Les *rosa macrophylla*, *rosa nitida*, *rosa blanda*, *rosa cinnamomea*, *rosa fraxinifolia*, *rosa voodsii*, appartiennent aussi à cette section.

Cinquième Section.

ROSIER PIMPRENELLE. — *Rosa spinosissima.* On en compte plus de cinquante variétés.

ROSIER DES ALPES. — *Rosa alpina;* fleur rouge.

ROSIER SOUFRÉ. — *Rosa sulfurea;* fleur jaune, double, éclosant difficilement.

On range aussi dans cette section les *rosa involuta*, *rosa stricta*, *rosa rubella*, *rosa acicularis*, *rosa sabini*, *rosa lutescens*, *rosa grandiflora*, *rosa miriacantha*.

Sixième Section.

ROSIER DE PUTEAUX. — *Rosa belgica;* fleur d'un rose foncé.

ROSIER CENT-FEUILLES. — *Rosa centifolia.* On en compte plus de cent variétés.

ROSIER DE DAMAS. — *Rosa damascena.* Très nombreuses variétés.

ROSIER DE PROVENCE. — *Rosa provincialis;* fleur rouge ou carnée. Grand nombre de variétés.

ROSIER DE PROVINS. — *Rosa gallica;* fleur rouge. Près de quatre cents variétés.

ROSIER DE BOURGOGNE. — *Rosa parvifolia;* fleur petite, très double, pourpre.

Septième Section.

ROSIER VELU. — *Rosa villosa;* fleur d'un rouge pâle.

ROSIER BLANC. — *Rosa alba.* Plus de cent variétés.

ROSIER COTONNEUX. — *Rosa tomentosa;* fleur rouge.

ROSIER DE FRANCFORT. — *Rosa turbinata;* fleur d'un rouge foncé.

A cette section appartiennent aussi les *rosa evratina*, *rosa hibernica*, *rosa spinifolia.*

Huitième Section.

ROSIER ROUILLÉ. — *Rosa rubiginosa;* fleur d'un rose clair. Plus de trente variétés.

ROSIER JAUNE. — *Rosa lutea;* fleur jaune ou couleur capucine.

Cette section comprend encore les *rosa glutinosa*, *rosa Montezumæ*, *rosa vulverulenta.*

Neuvième Section.

ROSIER ÉGLANTIER. — *Rosa canina;* fleur simple. C'est la meilleure espèce pour recevoir la greffe des autres.

ROSIER NOISETTE. — *Rosa noisettiana.* Nombreuses variétés.

ROSIER DES INDES. — *Rosa indica.* Nombreuses variétés, parmi lesquelles la rose thé et la rose bengale jaune.

Rosier du Bengale. — *Rosa semperflorens;* fleur pourpre. Variétés très nombreuses.

Rosier de la Chine. — *Rosa sinensis;* fleur cramoisie.

On place aussi dans cette section les *rosa microphylla*, *rosa sericea*, *rosa caucasica*, *rosa rubrifolia*.

Dixième Section.

Rosier des champs. — *Rosa arvensis* fleur blanche. Plusieurs variétés.

Rosier multiflore. — *Rosa multiflora;* fleur d'un rose pâle.

Rosier toujours vert. — *Rosa sempervirens;* fleur blanche, odorante. Plusieurs variétés.

Rosier musqué. — *Rosa moschata;* fleur blanche, odorante.

Dans cette section se placent encore les *rosa abyssinica*, *rosa systyla* et *rosa rubrifolia*.

Onzième Section.

Rosier de Banks. — *Rosa Banksiana;* fleur blanche, odorante, très double.

A cette section appartiennent encore les *rosa sinica*, *rosa setigera*, *rosa hystrix*, *rosa levigata* et *rosa microcarpa*.

CULTURE.

La culture des rosiers est des plus simples. Presque tous se plaisent dans une terre franche, légère, substantielle, meuble, un peu fraîche, mélangée de terreau consommé. Ceux de Bengale seuls s'accommodent mieux de la terre de bruyère. Tous se multiplient par graines, rejetons, boutures, marcottes, et il n'est pas d'arbuste plus docile à la greffe, et qui se prête plus volontiers aux caprices de l'horticulteur.

La reproduction par graines est la plus naturelle; mais c'est aussi le moyen le plus lent. C'est par semis qu'on obtient des variétés d'une même espèce; les sujets obtenus de cette manière s'acclimatent mieux au lieu qu'on leur assigne; ils sont plus vigoureux que ceux résultant des autres procédés; mais ils demandent dans leur enfance des soins très minutieux. Le rosier obtenu par graine ne donne que des fleurs simples; c'est par la greffe qu'on parvient à lui faire produire des fleurs doubles.

On appelle rejetons les jets enracinés que beaucoup de plantes émettent sur leur collet; il ne s'agit que de les lever et replanter au printemps. Les rejetons du rosier sont de ceux qui prennent racine le plus facilement.

La *bouture* est un rameau que l'on détache de l'individu et que l'on plante après avoir taillé en sifflet son extrémité inférieure. Il faut que ce rameau soit de l'année et coupé sous un œil. On le plante en terre bien ameublie, en ne laissant hors de terre que trois ou quatre yeux. Il est nécessaire de l'arroser souvent.

On appelle *marcotter* une plante, faire prendre racine à un de ses rameaux sans le séparer de la plante mère ; cette séparation ne devant avoir lieu que lorsque la racine du rameau est formée. Le moyen le plus simple pour marcotter le rosier, c'est, après avoir tordu une branche à son extrémité inférieure, d'enfoncer en terre cette partie et de l'y maintenir à l'aide d'un crochet de bois. Cela se fait en automne ; au printemps suivant on peut séparer le sujet de sa mère.

Il y a plusieurs sortes de *greffes*, mais la greffe dite *en fente* est celle qui convient le mieux aux rosiers. Voici comment elle se fait : supposons qu'il s'agisse de métamorphoser un églantier en rosier à cent feuilles; après avoir coupé les branches de l'églantier, on pratique à la partie supérieure de la tige une fente longitudinale dans laquelle on insère une branche de l'année précédente, prise sur le rosier à cent feuilles, et taillée en biseau à son extrémité inférieure. La greffe doit être plus petite que le sujet; elle doit être coupée à son extrémité supérieure de manière à ce qu'elle ne porte que deux ou trois yeux, et il faut que les parties de l'écorce du sujet soient en contact parfait avec les parties de l'écorce de la greffe. Lorsque la greffe est placée dans la fente du sujet, on l'y maintient en pratiquant une ligature avec de la laine, à la hauteur de la fente, et on entoure le tout d'un mastic ainsi composé : 5/10 de poix de Bourgogne, 2/10 de poix noire, 1/10 de cire jaune, 1/10 de résine et 1/10 de suif de mouton; le tout fondu à petit feu, bien mélangé, et employé, pas précisément chaud, mais avant d'être entièrement refroidi.

Les plus belles roses fleurissent en juin; mais aujourd'hui on possède un grand nombre de variétés remontantes dans la plupart des espèces, et l'on a des roses toute l'année. Les roses du Bengale fleurissent en toute saison; il arrive même qu'elles s'épanouissent sous la neige.

Nous avons donné la nomenclature des principales sections des roses; les variétes de ces espèces sont baptisées au gré ou au caprice des horticulteurs qui les découvrent. Souvent ils choisissent un nom de leur famille ou de leur pays, quelquefois la nature, la couleur, l'aspect de la fleur lui servent de parrains. C'est ainsi qu'ont été nommées la *rose thé*, le *souvenir de la Malmaison*, le *géant des batailles*, etc.

Nous retraçons ici l'histoire de la marraine de la *rose azéla*, l'une des plus jolies variétés des roses de Provins.

LA

ROSE AZÉLA

I

Oui, c'était une fleur délicieuse ; la plus jolie, la plus fraîche, la plus suave, nous dirions presque la plus divine des fleurs.

Née dans un château magnifique, sur les bords de la Loire, au milieu de cette belle Touraine, si justement nommée le jardin de la France, elle avait passé son enfance parmi ces filles de l'air et du soleil dont elle semblait la souveraine, alors qu'elle se jouait dans le parterre de la somptueuse villa où elle avait reçu le jour, et qui, pour elle, était le Paradis terrestre.

Ce n'était encore qu'un charmant bouton dont un vert corset emprisonnait les futurs trésors, que déjà elle faisait l'admiration de tous, et qu'on ne pouvait la voir sans soupirer après l'heureux jour où un souffle voluptueux et créateur devait, en lui révélant des joies infinies, permettre au regard de pénétrer dans les arcanes où étaient enfermées les mystérieuses beautés de cette pure création qui semblait tombée de la main de Dieu.

Mais elle, insouciante et joyeuse, vivait de la pure vie des anges, sans compter les jours; sans désirs et sans crainte, elle se plaisait au milieu de tout ce qui était beau, comme s'il lui eût été révélé qu'elle serait un jour la beauté la plus parfaite de toutes les beautés du monde.

Malheureusement, la perfection n'est et ne peut être qu'un mot sur la terre : point de perfection sans durée, et point de durée sans passion, sans quelqu'un de ces sentiments impétueux qui font vivre et qui tuent. C'est un cercle vicieux dont la pauvre humanité ne peut sortir; et notre jeune rose devait être soumise à cette loi ; car

Elle était de ce monde où les plus belles choses
Ont le pire destin....

II

Elle se nommait Azéla, doux nom donné simultanément à l'enfant et à la plus brillante des roses nées à la même heure dans les jardins du château. Douze années avaient passé sur sa jeune et charmante tête. Son esprit égalait sa beauté, et rien n'avait été négligé pour que son éducation fît d'elle une personne accomplie. La tendresse de sa mère, la comtesse de Gelder, pourvoyait à tout sur ce point, en l'absence comme en la présence du général de Gelder, un de ces lieutenants de Napoléon Ier qui avaient conquis leur noblesse à la pointe de leur épée.

Nos premières lignes ont révélé l'histoire de ces douze années passées au milieu des parfums et des fleurs; c'était une heureuse vie, à laquelle il ne manquait, pour lui donner le relief des plus heureuses existences, qu'un grain de ce ferment qui double la puissance vivifiante du cœur en agrandissant l'intelligence ; ce grain tomba bientôt au sillon qui l'attendait; et la passion des beaux-arts, chez Azéla, se développa avec une puissance d'autant plus grande, que le milieu dans lequel elle était née était à la fois plus calme et plus majestueux; c'était, en quelque sorte, une passion primitive, née des effluves d'une végétation puissante et de l'aspect des merveilles de la création.

Azéla entra dès lors dans une vie nouvelle ; la peinture et la musique occupèrent tous ses instants, la musique surtout, dont l'action est si puissante sur les âmes d'élite. Les progrès de la jeune fille furent inouïs, presque surhumains ; aux premières notes du morceau qu'elle chantait, quel qu'il fût, la frêle enfant se transformait; ce n'était plus *la Belle aux fleurs*, comme on l'appelait au château, c'était l'héroïne véritable du poème dont sa voix vibrante et sonore faisait une réalité. Puis, le morceau fini, l'accès passé, la réaction se produisait; la pauvre enfant devenait rêveuse et songeait aux concerts des anges, n'osant pas songer aux concerts des hommes dont elle eût fait la gloire.

Cette phase fut la plus délicieuse de la vie d'Azéla ; non-seulement elle vivait maintenant, mais elle se sentait vivre. Elle était heureuse alors, car elle désirait; que désirait-elle? elle n'en savait rien, la pure jeune fille; ses désirs n'étaient encore que de vagues aspirations qui faisaient doucement et délicieusement battre son cœur; une secrète agitation de l'âme, une sorte de pressentiment d'un avenir prochain tout plein de divines émotions et de joies inconnues, tous symptômes d'une révélation prochaine. Encore un peu de temps, et les yeux d'Azéla allaient s'ouvrir à une lumière nouvelle, lorsqu'un événement terrible vint transformer son existence.

C'était par une belle soirée de juin; la comtesse et sa fille se promenaient dans les jardins du château, embaumés des plus suaves parfums, lorsqu'un bruit dechevaux, retentissant au loin, vint frapper leurs oreilles; puis le fouet d'un postillon se fit entendre.

— Serait-ce lui? s'écria la comtesse.... Azéla, ton père!....

Toutes deux s'élancèrent vers le perron du château; le comte y arrivait en même temps qu'elles; il reçut la comtesse dans ses bras, puis il prit Azéla et la couvrit de baisers. Il semblait radieux alors; mais bientôt son front s'assombrit, ses traits s'altérèrent; il chancela et fut obligé de s'asseoir sur une des marches du perron pour ne point tomber.

— Mon Dieu! s'écria la comtesse saisie d'effroi, qu'avez-vous, mon ami?.... la fatigue, peut-être.... la chaleur....

Et de ses doigts mignons elle se hâta de dégrafer l'uniforme du général, tandis que les larmes d'Azéla tremblante tombaient sur le pâle visage de son père penché vers elle.

— Grand Dieu! vous êtes blessé, reprit Mme de Gelder qui, sous l'uniforme, avait trouvé la chemise de son mari ensanglantée.

— Ce n'est rien, chère amie.... calme toi, Azéla.... une balle qui m'a glissé sur les côtes.... cela n'a aucune gravité ; malheureusement, j'ai de plus tristes choses à vous apprendre.... Tout est perdu! l'armée française a été anéantie à Waterloo; l'ennemi est de nouveau aux portes de Paris; il y entrera demain peut-être.... Déjà des listes de proscription et de mort sont dressées, et mon nom figure sur cette dernière. Il faut donc que je vous quitte de nouveau, que j'aille chercher à l'étranger un asile où je puisse attendre des jours meilleurs.

— Je ne vous quitterai pas, s'écria la comtesse à laquelle l'imminence du danger sembla donner tout à coup des forces surhumaines ; rien, rien au monde ne pourrait m'empêcher de vous suivre.

— Cher père! fit Azéla en joignant les mains et tombant à genoux.

— Non, non, reprit le général, cela est impossible; fuir tous trois, ce serait tout perdre. Notre fortune entière, vous le savez, est compromise par le procès que m'ont intenté les anciens propriétaires des biens que j'ai acquis; en notre absence, nos adversaires auraient trop bon marché de nous, favorisés comme ils vont l'être par le retour des Bourbons qu'ils ont suivis dans l'exil....

— Eh! que m'importe la fortune, si nous devons vivre séparés !

— Et elle? fit le comte en laissant tomber sur Azéla un regard où se peignait toute la tendresse paternelle.

Mme de Gelder se sentit vaincue.

— Que votre volonté soit faite, dit-elle en baissant vers la terre ses yeux baignés de larmes.

Cependant le général était promptement revenu de la faiblesse que lui avait causée la perte du sang qui avait coulé de sa blessure pendant son rapide voyage. Il passa la nuit au château; mais le lendemain, dès le point du jour, il fit ses préparatifs de départ. Les adieux furent navrants, car on se quittait sans savoir ni où ni quand on pouvait espérer de se revoir. Enfin le comte, muni de tout l'argent qu'il avait pu se procurer, et des bijoux les plus précieux de sa femme, monta dans la chaise de poste qui l'avait amené, et qui l'emporta rapidement vers les côtes de Normandie, d'où il espérait pouvoir passer en Angleterre.

III

Azéla avait fait un pas immense dans la vie; elle connaissait maintenant les douleurs de l'âme; pour la première fois, ses yeux s'étaient mouillés de larmes. Ces premiers chagrins devaient être promptement suivis de chagrins plus grands. La fortune du comte se composait, outre les propriétés qu'il avait acquises, d'une dotation considérable qui lui avait été faite par l'empereur, et de son traitement de général. Le gouvernement royal, restauré pour la seconde fois, contesta la validité de la dotation; le traitement fut supprimé; en même temps, les anciens propriétaires des biens acquis par le général employaient toutes les manœuvres imaginables pour démontrer la nullité de la vente de ces biens; ils parvinrent à prouver qu'ils n'avaient pas encore quitté la France, lorsque leurs propriétés avaient été vendues à titre de biens nationaux; et comme le premier acquéreur de ces propriétés était devenu insolvable, le comte et sa famille furent, par arrêt de cour royale, dépouillés de tout ce qu'ils possédaient, sans pouvoir exercer de recours.

Le coup était terrible, Mme de Gelder en fut mortellement atteinte : habituée à tout le bien-être, le confortable que donne la fortune, au luxe, aux prodigalités qu'elle permet, elle fléchit sous le poids des revers qui l'accablaient.

Azéla, au contraire, se montra forte et résignée : pour elle aussi, le présent était terrible; mais l'avenir lui apparaissait radieux; on eût dit qu'il y avait dans l'air qu'elle respirait un parfum d'espérance assez puissant pour endormir tous ses regrets; aussi avait-elle, pour sa mère, de douces paroles de consolation :

— Mère, lui disait-elle, nous sommes maintenant, nous aussi, des exilées; mais mon père nous l'a dit, il nous le répète dans ses lettres, l'exil n'a qu'un temps.

— Pauvre enfant! puis-je me bercer de tes rêves ?

— Oh non! je ne rêve pas : écoute, mère.

Elle chantait alors, et, ravie par cette voix divine, l'âme de la comtesse demeurait en quelque sorte suspendue aux lèvres de sa charmante fille.

— Mère, disait ensuite Azéla, j'ai lu dans les gazettes qu'il y avait à Paris des cantatrices qui gagnaient jusqu'à cent mille francs par an. Tu as dû entendre les plus célèbres : dis, chantent-elles mieux que moi ?

Le visage de la comtesse se rassérénait pour un instant, tant le talent d'Azéla lui semblait prodigieux ; mais cela durait peu, car elle craignait de se faire illusion ; et puis son orgueil se révoltait à la pensée de voir sa fille obligée de chanter pour vivre, et elle retombait dans cette tristesse profonde qui devait bientôt porter à sa santé les plus terribles atteintes.

Il fallut quitter le château ; Mme de Gelder vendit tous les bijoux qui lui restaient, ainsi que le mobilier de sa riche demeure, et, le désespoir au cœur, elle alla s'établir dans une des chaumières du village voisin. Telle était maintenant la passion d'Azéla pour les beaux-arts qu'elle n'eût point souffert de ce changement de fortune, si sa mère eût montré plus de résignation. La peinture, la musique lui faisaient passer chaque jour de délicieuses heures ; elle aimait surtout à chanter au milieu du silence des bois, afin de bien s'entendre elle-même, et, le soir, c'était aux sons de sa harpe qu'elle endormait les douleurs et les regrets de sa mère.

Elle faisait un jour sa promenade ordinaire dans la forêt voisine, et déjà, depuis quelques instants, les échos répétaient au loin les mélodieux accents de sa divine voix, lorsqu'au détour d'une allée, elle se trouva tout à coup face à face avec un jeune homme qui, immobile, les yeux levés vers le ciel, semblait plongé dans la plus ravissante extase.

Azéla se tut.

— Oh! je vous conjure, lui dit-il en joignant les mains, que votre silence ne me punisse pas d'une indiscrétion involontaire.... Oui, oui, c'est ainsi que les anges doivent, dans le ciel, chanter les louanges de Dieu.

Une vive rougeur colora le visage d'Azéla; tremblante, elle recula de quelques pas.

— Oh! de grâce, ne me fuyez pas! reprit le jeune inconnu; du plus pur bonheur que j'aie goûté en ma vie, ne faites pas un désespoir!... Et pourquoi me fuiriez-vous? vous venez chanter ici, et j'y viens dessiner : c'est l'amour des arts qui nous réunit; pour l'amour d'eux, ne nous séparons pas si tôt, et ne nous séparons aujourd'hui qu'après avoir échangé la promesse de nous revoir demain.

La voix du jeune homme était si harmonieuse, si suppliante, ses paroles étaient à la fois si douces et si bien accentuées, qu'Azéla ne se sentit pas le courage de l'affliger.

— Eh bien, Monsieur, dit-elle avec un sourire qui doubla sa rougeur, si vous voulez que nous soyons amis, commencez par quitter cette pose de suppliant. Ce que vous demandez est-il donc chose si extraordinaire, qu'il faille tant prier pour l'obtenir? Comme moi vous aimez la solitude ; désormais, nous l'aimerons à deux.... mais il faut commencer par égaliser les positions : vous m'avez entendu chanter; et je n'ai pas vu vos dessins.

Elle avait à peine prononcé ces derniers mots, que le jeune peintre fit quelques pas et lui présenta l'album qu'il tenait. Ce fut au tour d'Azéla d'admirer; elle voulut tout voir, et sa verve s'enflammant :

— Voulez-vous, dit-elle en arrivant à la fin, me faire le sacrifice d'une page ?

— Oh! fit le jeune homme en lui présentant le crayon qu'il roulait entre ses doigts, pourrais-je maintenant ne pas vouloir ce que vous voulez ?

Azéla s'assit au pied d'un arbre, leva vers le ciel ses beaux yeux, qui bientôt semblèrent lancer des éclairs; dès lors, elle cessa de trembler, et, d'une main aussi sûre qu'agile, elle fit courir le crayon sur la page blanche dont elle avait demandé la concession. Le jeune dessinateur suivait avec une surprise croissante les rapides évolutions de ces jolis doigts, sous lesquels se reproduisait l'aspect du lieu où se passait cette scène. Au bout de quelques instants, Azéla lui remit l'album.

— Maintenant, dit-elle, si vous oubliez jamais notre rencontre, ce ne sera pas ma faute.

Le dessin qu'elle venait de faire représentait, en effet, avec une vérité remarquable, la rencontre de ces deux jeunes amis des beaux-arts. Le peintre saisit l'album et le porta à ses lèvres.

Dès lors il sembla à ces deux jeunes cœurs qu'ils ne devaient plus se quitter, et les heures de ce jour s'envolèrent heureuses et rapides. Le soleil allait disparaître sous l'horizon quand Azéla, montrant du doigt au loin le toit de la pauvre chaumière où l'attendait sa mère, dit :

— Je m'appelle Azéla de Gelder, et voici ma demeure.

— Et moi, dit le jeune homme, on me nomme Albéric Dolberoi, et je suis parti de Paris pour voyager en touriste; mais je ne puis et ne veux vivre désormais que là où il vous plaîra de demeurer et de vivre.

Ce fut avec un doux frémissement qu'Azéla s'appuya sur le bras de son nouvel ami; ce qu'ils se dirent pendant le trajet, ceux qui ont aimé le savent, les autres ne le comprendraient pas. A quelque distance de la chaumière, ils se séparèrent, et tous deux se dirent en même temps :

— A demain!

IV

Les deux amants vivaient de la vie des élus : Azéla chantait moins, Albéric négligeait quelque peu son album ; mais la poésie n'y perdait rien, et l'amour y gagnait beaucoup. Au souffle de la volupté, la beauté d'Azéla s'était épanouie; elle était maintenant dans toute sa splendeur. Que d'heureux jours ils passèrent ainsi! Mais hélas! le temps fuit vite pour les heureux de la terre : aux feux de l'été succédèrent les brouillards de l'automne; le soleil se voila plus souvent, les feuiles des arbres jaunirent et commencèrent à tomber. Déjà, à plusieurs reprises, Albéric avait parlé de Paris :

— Pourquoi donc, chère Azéla, disait-il, vivre ignorée dans ce désert, alors que les triomphes et la fortune vous attendent dans le monde? N'est-ce pas un sort glorieux et digne d'envie que celui de ces célèbres artistes que les rois admirent, que les nations se disputent, et qui ne doivent qu'à leur talent leur vie toute princière?

Le visage de la jeune fille se colorait alors; ses yeux brillaient d'un éclat plus vif, et son cœur battait avec violence; car elle aspirait avec ardeur à cette vie nouvelle, mais elle ne pouvait se résoudre à quitter sa mère, et pour rien au monde, elle le savait, madame de Gelder n'eût consenti à ce que sa fille entrât au théâtre.

Albéric s'attristait; une séparation paraissait inévitable, et vivre loin d'Azéla lui semblait être chose au-dessus de ses forces.

Un jour, Azéla ne vint pas au rendez-vous; ce fut pour le jeune peintre un cruel chagrin. La nuit vint, l'espoir s'éteignit. Albéric alors se dirigea vers la chaumière; il en fit plusieurs fois le tour, mais il n'osa y pénétrer. Une légère colonne de fumée qui sortait de la cheminée surmontant le chaume, était la seule chose qui pût faire reconnaître que la modeste demeure n'était pas abandonnée. Azéla devait donc être à l'intérieur; car, à cette heure, si elle eût été absente, l'inquiétude de sa mère n'eût pas été compatible avec cette paix, ce silence que rien ne troublait. Qu'était-il donc arrivé?

— Demain, peut-être, je le saurai, se dit tristement le jeune artiste.

Et il se retira, en proie à la plus vive anxiété, aux plus terribles, aux plus douloureux pressentiments. Deux jours et deux nuits se passèrent ainsi; ce furent pour Albéric deux siècles de cruelles souffrances. Enfin, vers la fin du troisième jour, au moment où le jeune peintre, revenant de la forêt, où il avait vainement attendu comme les jours précédents, se dirigeait vers la chaumière, deux hommes lui apparurent, suivant le même chemin que lui, et portant une bière neuve dont l'ouverture béante le fit frissonner. Il s'élança vers ces messagers funèbres ; mais avant qu'il pût les atteindre, ils étaient arrivés à lamodeste habitation, dans l'intérieur de laquelle ils avaient pénétré avec leur lugubre fardeau.

Rien dès lors n'eût pu retenir Albéric : hors de lui, pâle, couvert de sueur, il arrive, pousse la porte entr'ouverte, et, d'un bond, il s'élance jusqu'au lit mortuaire, sur lequel des cierges répandaient leur pâle et sépulcrale clarté. Deux personnes prosternées devant ce sombre tableau du néant, priaient avec ferveur; l'une était le curé du village voisin; l'autre, c'était Azéla.

Au bruit qui se fit près d'elle, la jeune fille leva vers Albéric ses yeux baignés de larmes.

— Ami, dit-elle d'une voix que ses sanglots étouffaient à demi, je vous attendais; merci !..... nous pleurerons ensemble. Il y a trois jours, nous avons reçu la nouvelle de la mort de mon père. L'épreuve était trop forte pour ma malheureuse mère, et quelques heures après, elle s'en allait au ciel chercher le bien-aimé!..... oh! prions, prions pour eux!

Albéric tomba à genoux près du lit de mort, et de sa pensée s'élança vers Dieu la plus poétique et la plus sincère prière qu'il eût jamais formulée.

La nuit entière se passa dans le silence et l'oppression de la douleur. Le lendemain, les dépouilles mortelles de madame de Gelder furent portées à leur dernière demeure; Albéric et Azéla suivirent le funèbre cortége jusqu'au champ du repos; ils y prièrent longtemps encore; puis le jeune peintre ramena chez elle la belle orpheline.

— Adieu, lui dit-il en lui serrant doucement la main; le malheur qui vous frappe est affreux! N'oubliez pas toutefois que vous avez un ami qui se sent au cœur assez d'affection, assez de foi, de force de volonté et de dévouement, pour remplacer près de vous ceux que vous pleurez... A demain.

Il ne dit pas un mot d'amour, et Azéla l'en remercia mentalement : ces deux jeunes cœurs s'entendaient si bien!

V

Trois mois se sont écoulés; cédant aux sollicitations de son amant, Azéla l'a suivi à Paris. Déjà elle s'est fait entendre dans plusieurs concerts, et la merveilleuse beauté de sa voix fait maintenant l'admiration de tous les dilettanti. La fortune lui sourit; mais il lui reste à subir une épreuve : il faut aborder le théâtre, et que de beaux talents ont échoué devant la rampe!

Heureusement la langue italienne était aussi familière à la jeune et belle artiste que sa langue maternelle.

— Allons en Italie, dit Albéric; là, la musique est tout et la mimique rien ou presque rien, c'est-à-dire quelque chose qu'une prima donna apprend tout à son aise, sans que le public s'en occupe; et puis la vie est si douce sous ce beau ciel!

Ils partirent; la fortune les suivit, et, moins d'un mois après, Azéla débutait à Milan, au théâtre de la Scala. Jamais, sur aucune scène du monde, succès ne fut plus éclatant que celui qu'elle obtint; l'enthousiasme qu'elle excita fut poussé jusqu'au délire; mais aussi c'est que jamais femme n'avait réuni à un si haut degré tant de perfections; c'est qu'à sa merveilleuse beauté elle joignait un cœur de flamme et ce feu sacré qui ne s'allume que dans les âmes d'élite. La scène était littéralement jonchée de fleurs lorsqu'elle la quitta; à sa sortie du théâtre, les spectateurs voulurent la porter en triomphe. Oh! ce fut un beau jour pour la belle artiste et pour le jeune peintre qu'elle n'avait cessé d'aimer de toutes les forces son âme!

Toutefois le bonheur d'Albéric n'était pas

sans nuage; dès la première soirée, une cour d'adorateurs s'était formée autour de la *diva ;* et il y avait parmi ces courtisans tant de beaux, jeunes et nobles seigneurs, que son amour s'en effrayait. Azéla était ardente, passionnée; il en était toujours sincèrement aimé, mais il avait tout à redouter du vertige, du caprice, de l'entraînement des sens, et, mieux que personne, il le savait.

Ces souffrances d'Albéric grandirent de jour en jour; Azéla, ainsi qu'il l'avait prévu, bientôt enivrée de ses succès, des louanges qui retentissaient autour d'elle, n'eut plus la force de repousser toutes ces flammes qui l'enveloppaient. Elle était si belle! on l'aimait tant! l'air qu'elle respirait était chargé de tant d'amour, qu'il eût fallu à la charmante femme une vertu surhumaine pour résister toujours; car, s'il est difficile et rare de résister dans le monde à tous les entraînements de la passion, cela est presque impossible au théâtre.

Aussi Albéric devenait-il de plus en plus triste, irritable, violent.

— Mon ami, lui dit un jour la belle artiste dans un moment de calme, que vous ai-je donc fait pour que votre humeur se soit ainsi aigrie?

— Ce que vous avez fait, Azéla, je n'en sais rien; mais ce que vous ferez bientôt, je le pressens, et je souffre en attendant que je meure...

— Mais c'est de la démence !

— Non, Azéla ; si le parfum d'amour que j'ai eu l'immense bonheur de faire naître en vous n'est pas encore profané, il le sera bientôt.

— Oh ! c'est affreux !

— D'autant plus affreux que c'est vrai.

Ils se séparèrent presque froidement en apparence ; mais la colère grondait au cerveau de la belle artiste, tandis qu'Albéric se sentait le cœur serré par toutes les angoisses de la jalousie ; elle, offensée qu'on lui prédît une chute prochaine, et lui, convaincu que cette chute était inévitable.

Quelques jours s'écoulèrent pourtant, pendant lesquels ce nuage parut se dissiper : Azéla avait imposé silence aux plus ardents de ses adorateurs, et Albéric lui tenait compte de cet effort. Malheureusement, ce temps d'arrêt devait être de courte durée.

Un soir, Azéla sortait du théâtre ; son exaltation était d'autant plus grande que l'enthousiasme qu'elle avait excité avait été jusqu'à la frénésie. Un jeune et beau secrétaire d'ambassade avait obtenu la faveur de lui donner la main jusqu'à sa voiture ; il parut se retirer lorsqu'elle y eut pris place ; mais, arrivée à la porte de son hôtel, la belle artiste le retrouva pour l'aider à mettre pied à terre. C'était un homme charmant, plein d'instruction et d'esprit. Il sollicita avec tant d'ardeur et de grâce la faveur de conduire la diva jusqu'à son appartement, qu'elle n'eut pas le courage de dire non. Il pénétra donc dans le sanctuaire... Il y était encore lorsque le jour parut.

Il y avait alors quelque temps qu'Albéric était parti pour Naples, où il allait préparer à la trop sensible prima donna de nouveaux succès. Enchanté du résultat de ses négociations, il revenait le cœur plein de joie, s'efforçant de ne plus penser à ces légèretés d'Azéla qui l'avaient tant fait souffrir. Il arrive avant le lever du soleil; qu'importe! Azéla n'est-elle pas toujours heureuse de le revoir? Il se présente à l'hôtel, arrive à la porte de l'appartement; mais là, une caméristе à demi vêtue l'arrête en balbutiant :

— Madame est très fatiguée, elle repose; ce serait une cruauté de troubler le sommeil réparateur dont elle a tant besoin.

Dès les premiers mots, Albéric avait entrevu la triste vérité; elle l'avait frappé au cœur; une pâleur mortelle couvrit son visage, ses poings se fermèrent, des éclairs jaillirent de ses yeux.

— Cette consigne n'est pas pour moi, Maria, dit-il d'une voix stridente.

Mais le silence de la caméristе lui prouva qu'il se trompait. Accablé par cette révélation, il se laissa tomber sur un siége. Bientôt un léger murmure, une sorte de frôlement se firent entendre dans la pièce voisine; puis un faible bruit, semblant venir de l'escalier de service, arriva jusqu'au malheureux Albéric. La porte s'ouvrit presque aussitôt, et Azéla parut pâle et tremblante.

Albéric, revenu de son affaissement moral, s'approche froidement d'Azéla, et la regardant avec une fixité effrayante :

— Vous n'étiez pas seule! lui dit-il.

Azéla ne répond pas; une sueur froide perle sur son front; elle est obligée de s'asseoir pour ne pas tomber.

— Infâme! reprend Albéric, il ne me reste donc qu'à mourir; car désormais vous pouvez vivre sans moi, et, misérable que je suis! je sens trop que je ne puis vivre sans vous.

Il fit quelques pas vers la porte; Azéla se jeta à ses pieds.

— Au nom de Dieu! Albéric, dit-elle d'une voix suppliante, ne m'abandonnez pas!

Le jeune peintre continua à se diriger vers la porte, et lui jeta avec mépris l'épithète de courtisane.

Elle se traîna sur les genoux, et, pour l'arrêter, elle saisit ses pieds, qu'elle baisa avec amour.

— Noble cœur, dit-elle en sanglottant, oui, je t'ai trompé!... mais je ne me suis pas avilie; ce n'est pas la cupidité qui m'a fait faillir!... Non, je ne suis pas une courtisane... Mon Albéric, si je ne suis plus digne de ton amour, ne me refuse pas ta pitié; si tu me repousses comme maîtresse, accepte-moi pour ton humble servante... car je t'aime toujours, je n'ai jamais cessé de t'aimer... J'ai été victime d'une aberration, d'une surprise des sens; mais je ne me suis pas vendue, mon Albéric aimé, et je n'ai jamais eu d'amour que pour toi!

Et pendant qu'elle parlait ainsi, de grosses larmes brûlantes roulaient sur son pâle visage, en même temps que de ses deux mains crispées elle se meurtrissait la poitrine.

Albéric avait trop d'amour au cœur pour être impitoyable; il s'arrêta et jeta un regard de compassion sur cette femme qu'il avait tant aimée, qu'il aimait tant encore.

— C'est ma faute, dit-il après quelques instants de silence; c'est moi qui t'ai poussée dans l'abîme.... Malheureusement, je ne puis pas oublier, la blessure est trop profonde; mais je t'aime et je te pardonne... Demain nous partirons pour Naples; que Dieu fasse le reste!

VI

Albéric, comme on a pu le voir, n'avait que de bien faibles notions de la fragilité humaine en général, et en particulier de celle des femmes artistes, sans cesse environnées de toutes les séductions et de tant d'enivrements, qu'il faudrait la vertu des anges pour y résister; et il n'y a, hélas! au théâtre, que des anges de carton.

Les débuts d'Azéla au théâtre Saint-Charles, à Naples, ne furent pas moins brillants qu'ils ne l'avaient été à la Scala; mais, là aussi, les mêmes causes produisirent les mêmes effets : entraînée par le torrent, Azéla oublia plus d'une fois le généreux pardon que lui avait accordé son amant. Impuissant à réformer le cœur humain, Albéric chercha alors des distractions à sa douleur; il se rendit à Rome, reprit ses pinceaux, travailla avec ardeur, et après deux années d'efforts, de travail incessant, de longues et profondes méditations, il avait la gloire de voir les princes, les ambassadeurs se disputer ses moindres toiles. Sa joie était grande; car Azéla, malgré ses écarts, lui gardait son amour, ainsi qu'en témoignaient ses lettres, toutes empreintes de la passion la plus vraie et la mieux sentie.

— Je pourrai donc, se disait-il, l'arracher à cette fournaise où se corrodent les plus belles âmes, les cœurs les plus purs; je la raménerai en France, et nous recommencerons cette vie délicieuse qui a si peu duré.

Et il retourna à Naples, se berçant, par la pensée, de la joie que causerait à Azéla cette détermination.

— Car, après tout, pensait-il, c'est un horrible métier que celui qui oblige une femme à livrer ainsi chaque jour pendant plusieurs heures, son esprit, son corps, son âme, tous les trésors de sa beauté, toutes ses facultés intellectuelles au jugement d'une tourbe imbécile et au scalpel de critiques plus ou moins faméliques et toujours menteurs.

Ce fut dans ces sentiments qu'il arriva près d'Azéla; mais, contre son attente, il trouva la *prima donna* fort peu disposée à les partager.

— Quoi! vous voulez, s'écria-t-elle, que je quitte le théâtre qui fait ma fortune et ma gloire! ce monde où je règne en souveraine, et où chaque jour je reçois de nouvelles couronnes!.... Et cela, dites-vous, parce que vous m'aimez. Quel est donc cet amour égoïste qui s'offense des innocentes rivalités de l'art?... Albéric, vous n'y avez pas bien pensé : laissez-moi jouir d'abord du bonheur de vous revoir; plus tard, lorsque votre tête et votre cœur seront plus calmes, nous causerons de tout cela.

La déception était cruelle; Albéric dévora le chagrin qu'il en ressentait; puis bientôt, près de cette femme qui l'aimait, qui semblait si heureuse de son retour, il oublia peu à peu ses sages résolutions. Et cependant il souffrait toujours, car Azéla était entrée dans une voie où il est difficile de rétrograder. A quelques âmes bien trempées peut-être il prend de temps en temps l'envie de quitter cette route fleurie; mais, hélas! l'autre est si étroite!

Telle était la situation, lorsqu'on vit arriver à Naples un jeune prince allemand qui se fit tout d'abord remarquer par son faste, son esprit et les grâces de sa personne. Pendant huit jours on ne parla que de lui; on lui attribuait une foule d'aventures galantes, et les femmes ne prononçaient son nom qu'en rougissant; mais cela dura peu, et bientôt il ne fut question que de la froide indifférence de ce bel Adonis du Nord, les beautés aristocratiques les plus irrésistibles ayant vainement tenté de fondre la glace de son cœur.

Tout cela était exagéré : le prince Léopold n'était pas un Lovelace, mais il s'en fallait de beaucoup que son cœur fût glacé : il était heureux, et il avait le bon goût de taire son bonheur; là était tout le mystère. Voici ce qui était advenu : le jour même de son arrivée à Naples, le prince était allé au théâtre; il avait vu, il avait entendu Azéla; il avait voulu la remercier de tout le plaisir que lui avait causé son admirable talent, et l'esprit de la belle *prima donna* avait achevé la conquête commencée par sa voix merveilleuse et son incomparable beauté.

Nous l'avons dit, Azéla ne se vendait point; son cœur restait à celui à qui elle l'avait donné alors qu'elle était pure et sans tache; mais son âme ardente, son tempérament de feu la rendaient accessible à une foule de séductions. Le prince était beau, jeune, spirituel; il lui avait dit son amour; il s'était prosterné devant elle, lui, né sur les marches d'un des plus beaux trônes du monde! et cette fois encore la belle artiste avait succombé.

Bien que toujours autant épris de sa belle maîtresse, Albéric avait pourtant eu assez de résolution ou de résignation pour faire ce qu'on pourrait appeler la part du feu, il le croyait du moins; mais sur ce point, il se faisait illusion; c'est-à-dire qu'il ne s'était résigné au mal qu'à la condition de ne point le connaître et d'en soupçonner seulement l'existence, et encore cela était-il pour lui une torture de tous les instants qu'il endurait sans vouloir se l'avouer.

Un jour, après une répétition générale, Albéric attendait Azéla sous le péristyle; elle ignorait sa présence en ce lieu; car, selon sa coutume, le peintre avait passé les premières heures du jour dans son atelier; mais il s'était ensuite trouvé mal à l'aise, tourmenté d'une vague inquiétude, d'une sorte de douloureux pressentiment; il était sorti, espérant que le grand air dissiperait ces noirs vapeurs qui lui troublaient l'esprit, et, machinalement, sans volonté, sans but, il était arrivé près du théâtre au moment où la répétition finissait. Il vit sortir tous les artistes, et Azéla ne parut point. Ce fait, qui pouvait être si simple, parut au peintre, à raison de la situation d'esprit dans laquelle il se trouvait, d'une telle gravité, qu'un feu dévorant s'alluma tout à coup dans son cerveau déjà malade. Cédant à l'impétuosité du sentiment qui le maîtrise, il s'élance à l'intérieur, franchit comme un trait l'escalier qui le sépare du premier étage, et tombe comme une bombe à la porte de la loge d'Azéla, au moment où cette porte s'ouvrant laissait voir l'heureux Léopold pressant contre son cœur la blanche et douce main de la prima donna qui le reconduisait. Albéric pousse un rugissement terrible, et prompt comme la foudre, d'un de ses gants, qu'il tient à la main, il fouette à deux reprises le visage du prince.

— Mon Dieu! fit ce dernier en portant la main à son côté, et je n'ai pas d'épée!

— Nous en aurons une chacun tout à l'heure, dit Albéric d'une voix étranglée par la fureur. Je ne vous quitte pas, monsieur, et à moins que vous ne soyez un lâche infâme, l'un de nous ne sortira pas vivant d'ici. Venez donc.

Et saisissant la main du jeune Allemand, il l'entraîna avec une force irrésistible vers le magasin d'armes du théâtre. En un clin d'œil deux épées sortirent du fourreau, et le combat s'engagea dans un espace si étroit qu'il était impossible de rompre.

Cependant Azéla avait suivi les deux adversaires; mais, tremblante, éperdue, ses pas mal assurés ne pouvaient pas être rapides, et lorsqu'elle arriva sur le lieu de cette terrible scène, Albéric, frappé en pleine poitrine, était expirant sur le parquet.

— Mort! mort! mon Dieu! s'écria-t-elle.

— Non, Azéla, je ne suis pas mort; mais je vais mourir, et c'est vous qui me tuez!... Soyez donc maudite, vous à qui l'immensité de mon amour n'a pu suffire!

— Albéric! Albéric! je t'en conjure, rétracte cette horrible malédiction!

Et, s'étant jetée à genoux près de lui, elle étanchait le sang qui sortait de sa mortelle blessure; mais le moribond, rassemblant le peu de forces qui lui restaient, la repoussa rudement.

— Arrière! maudite! fit-il.

Et il expira.

Azéla était évanouie; il fallut la porter jusqu'à sa voiture. Elle arriva chez elle en proie à une fièvre ardente; le délire survint, et les médecins appelés trouvèrent son état tellement grave qu'ils n'osèrent répondre de la sauver.

VII

Azéla fut pendant bien longtemps en danger de mort; ce ne fut qu'après de longues souffrances que la raison lui revint. Enfin elle entra en convalescence, et bientôt

NOUVEAU
LANGAGE SYMBOLIQUE
DES FLEURS (1)

La première chose, la plus indispensable pour s'entendre dans une langue quelconque, c'est d'être d'accord sur la valeur des mots; et il s'en faut de beaucoup que cet accord ait existé jusqu'ici en ce qui concerne le langage des fleurs. Les contradictions qui existent entre les auteurs sont si nombreuses, qu'il est devenu à peu près impossible de correspondre à l'aide de ces muettes et charmantes messagères.

C'est pourquoi nous avons entrepris de réformer ce langage si doux, et de le ramener, par l'analogie, à sa simplicité et à sa pureté primitives. Chaque fleur étant accompagnée d'un commentaire analogique, toute erreur, nous l'espérons, sera désormais impossible, et le monde sera enfin doté d'une langue universelle. Tant pis pour

(1) Cet ouvrage est un appendice aux portraits des fleurs; il en paraîtra un fragment dans chaque nouveau volume.

A

messieurs de l'Académie, qui sont depuis si longtemps à la recherche de ce trésor; que ne créaient-ils pour nous un quarante-et unième fauteuil?

DICTIONNAIRE
DU
NOUVEAU LANGAGE DES FLEURS.

A

Absinthe. — *Amertume.*

Certains auteurs veulent que l'absinthe signifie *absence*, parce que, disent-ils, l'absence est une amertume du cœur. Nous répondrons d'abord que l'absence n'est pas toujours une amertume; mais, en admettant le contraire, comment symbolisera-t-on les amertumes autres que celle causée par l'absence? Nous laissons donc à l'absinthe son ancienne et véritable signification.

Abutilon. — *Fragilité.*

L'abutilon est un arbuste extrêmement délicat; le moindre froid le tue, et, dans sa plus grande vigueur, il ne peut se soutenir sans appui.

Acacia blanc. — *Chastes amours.*

Deux des plus spirituels écrivains de notre

jeune littérature, MM. Meray et Nus, ont donné à l'acacia blanc la signification de *prodigalité*. Que prodigue donc cet arbre? ses fleurs, son parfum? Mais il a cela de commun avec une foule d'autres plantes. Ce qui lui est particulier, c'est la beauté, la pureté de ses belles grappes de fleurs blanches et stériles.

ACACIA ROSE. — *Elégance*.

Les avis des auteurs sont encore partagés ici; quelques-uns prétendent que l'acacia rose signifie *frivolité*, comme si l'on ne pouvait pas être élégant sans être frivole. Or, l'acacia rose est élégant, il nous suffit de le voir pour n'en pas douter; mais qu'y a-t-il en lui qui annonce la frivolité?

ACAJOU. — *Luxe*.

Un lexicographe, que nous avons déjà cité, veut que l'acajou signifie *faux luxe*; pourquoi *faux*, s'il s'agit du véritable acajou? Les meubles faits de ce bois ne sont-ils pas en général très beaux et très riches?

ACANTHE. — *Architecture*.

L'acanthe ne peut être le symbole des arts, comme le veulent quelques-uns; il n'est pas non plus celui des beaux-arts, comme d'autres l'ont écrit. Qu'y a-t-il de commun, par exemple, entre l'acanthe et la musique? L'acanthe est le symbole de l'architecture, parce que l'architecte grec Callimaque a choisi la feuille si artistement ciselée de cette plante pour orner le chapiteau de la colonne corinthienne, et que l'architecture moderne a conservé ce gracieux ornement.

ACHILLÉE. — *Mérite caché.*

Ovide prétend qu'Achille guérit avec cette plante le fils d'Hercule, qu'il avait blessé au siége de Troie, et certains auteurs s'autorisent de cela pour faire de cette plante le symbole de la guerre. Cela est illogique; car la guerre est un mal qui ne guérit d'aucun autre.

ACONIT. — *Crime.*

L'aconit, qui est un poison, ne peut pas signifier *remords*, comme le pensent quelques-uns; car les *remords* ne sont pas la conséquence rigoureuse et inévitable du crime d'empoisonnement; il signifierait plutôt *amour trompeur*, comme d'autres l'ont dit, parce que la séduction suivie d'abandon est un crime; mais comme rien en lui n'a d'analogie avec l'amour, nous croyons que sa signification doit être générique.

ADONIDE. — *Souvenir douloureux.*

D'après la fable, des larmes de Vénus pleurant la mort d'Adonis naquit l'adonide, dont les fleurs ressemblent à des gouttes de sang. Ces fleurs rappellent un *souvenir douloureux* et ne peuvent signifier seulement *séparation*, comme le veut un des écrivains que nous réfutons.

ADOXA. — *Obscurité, défaut de renommée.*

Adoxa est un mot qui signifie *sans gloire.*

elle s'effraya de l'isolement dans lequel elle se trouvait. Une sorte de vieille garde-malade était seule près d'elle, et semblait assez peu satisfaite de sa condition.

— Êtes-vous seule ici, ma bonne? lui demanda Azéla.

— Bon! fit la vieille qui croyait la malade toujours en délire, ne dirait-on pas qu'elle craint les voleurs?... Que diable viendraient-ils faire dans une maison vide?

— Que dites-vous? demanda Azéla en s'efforçant de se soulever.

— Je dis, ma chère dame, que votre maison est vide, et ce n'est pas étonnant, au train qu'on y a mené dans ces derniers temps. Quant à moi, on ne m'a appelée que lorsqu'il n'y avait plus rien dont on pût faire argent; mais j'espère bien que vous me tiendrez compte de ça si vous en réchappez.

— Ainsi, mon Dieu! me voilà seule au monde!

— Eh bien! où est le mal, si vous avez, comme on le dit, des millions dans le gosier?

Azéla sentait le désespoir lui mordre le cœur; elle eût presque maudit Dieu de lui avoir rendu la raison.

Plusieurs jours s'écoulèrent ainsi; les forces de la malade revenaient lentement, mais enfin elles revenaient, malgré les tortures morales auxquelles la malheureuse artiste était en proie.

— Je chanterai, se disait-elle d'un air résigné; il faudra bien que je chante, mon Dieu! puisque vous avez voulu me laisser vivre!

Un matin, elle demanda un miroir pour juger des ravages que la maladie avait faits sur ses traits. Qu'on juge de son effroi! le peu de ses longs cheveux d'ébène qui lui restait avait blanchi; ses yeux, enfoncés sous ses sourcils également blanchis, avaient perdu tout leur éclat, et son visage, aux lignes naguère si pures, si merveilleusement accentuées, ne présentait plus qu'une surface osseuse et presque informe, recouverte d'un jaune et aride parchemin.

Mais peut-être au moins son admirable talent lui sera-t-il resté : elle essaya de chanter, et de ses lèvres il ne sortit qu'une voix cassée, chevrottante, presque éteinte.

— Pourquoi donc! dit-elle en se tordant de désespoir, pourquoi m'avoir laissé vivre?... Oh! il est bien heureux, lui! Mais il m'a maudite, et je l'avais mérité.

Dès ce moment, elle se montra complétement résignée, ce qui contribua beaucoup à abréger sa convalescence; elle guérit enfin, mais de la belle et brillante cantatrice il ne restait rien, et il fallut qu'on donnât une représentation à son bénéfice au théâtre Saint-Charles pour qu'elle pût revenir en France.

VIII

Un jour, sous les combles d'une des plus pauvres maisons du douzième arrondissement de Paris, un prêtre se tenait près du grabat d'une pauvre femme qui semblait n'avoir plus que quelques instants à vivre. Les femmes et les filles des ouvriers habitant les mansardes voisines entouraient le lit de la mourante.

— Ma fille, disait le prêtre, il faudrait vous confesser; Dieu est miséricordieux, et quelles que soient vos fautes, elles vous seront remises, si vous vous en repentez sincèrement.

— Mes fautes, mon père, peuvent aux hommes paraître bien grandes; mais comment me repentirais-je, moi qui, pendant toute ma vie, n'ai fait que céder à la force surhumaine qui m'entraînait?... Autant vaudrait demander compte à l'oiseau de s'être élancé dans l'espace.

— Point de discussion; à cette heure solennelle, elle peut être à la fois mortelle au corps et à l'âme. Voyons, mon enfant, consultez-vous mieux, et peut-être vous sentirez-vous quelque besoin d'épanchement; car c'est le plus impérieux de ceux que ressentent les âmes malades; et qu'est-ce que la confession, sinon ce doux épanchement dont le résultat doit être le pardon du passé et les joies du ciel pour l'avenir? La confession ne guérit pas les maladies du corps, mais elle donne le courage d'en supporter les douleurs.

La mourante se recueillit un instant; elle semblait chercher à rassembler ses forces pour se rendre aux sollicitations du digne ministre de Dieu.

— Non, non, dit-elle tout à coup, cela est impossible... Pourtant, mon père, vous êtes si bon, si indulgent, que peut-être, continuant votre œuvre de charité, vous ne serez pas trop sévère sur la forme. Ecoutez donc :

« Une rose, semée et cultivée dans un splendide jardin, passa dans ce lieu de délices les quelques jours où, bouton encore, elle ne connaissait rien des baisers du zéphir, des ardeurs du soleil. Pas le moindre parfum ne s'était échappé de son sein.

» Chaque jour le vert corset de cette fleur devenait plus étroit; il était près d'éclater, cédant à la force d'expansion qui se manifestait à l'intérieur, lorsqu'un jour un orage terrible éclata sur le parterre. Violemment arrachée de l'arbuste, la branche qui portait le bouton fut jetée au loin dans la campagne. C'en était fait de la rose-enfant; jamais son doux parfum ne se fût répandu dans l'espace, si une main amie ne l'eût recueillie et ne lui eût donné l'air, l'eau et le soleil dont elle avait besoin pour éclore.

» Grâce aux soins délicats qui lui furent

prodigués, la fleur s'entr'ouvrit, et bientôt elle fut dans tout l'éclat de sa beauté. Alors son parfum se répandit avec profusion autour d'elle, et ses épines n'éloignèrent que les imprudents qui, attirés par ses charmes, croyaient pouvoir la toucher, la saisir sans affection, sans amour, mais seulement pour satisfaire leur sensualité.

» Mais ses pétales, trop hâtivement livrés aux baisers des papillons, s'affaiblirent; sa graine ne put mûrir, elle demeura stérile. alors l'ami tendre et dévoué, qui déjà l'avait sauvée, vint de nouveau la secourir; il rapprocha de lui le vase qui contenait la fleur, et réchauffa cette dernière de tout l'amour qu'il avait au cœur; mais elle, ingrate et cruelle, asphyxia de ses parfums l'ami qui l'avait sauvée.

» Le châtiment ne se fit pas attendre : la rose perdit sa beauté; ses pétales, desséchés, tombèrent; son calice se réduisit en poussière, et, de tous ses trésors, il ne resta qu'un fruit hideux dans sa vieillesse prématurée, que chacun éloigna de soi, et qui fut enfin jeté au hasard. »

— Vous perdez un temps précieux, mon enfant, dit le bon prêtre, qui avait patiemment écouté la mourante; nous savons parfaitement que les plus belles choses de la création en sont souvent aussi les plus fragiles; mais c'est de vous qu'il faut me parler.

— Mon père, la vie de cette fleur est la

même; si vous la trouvez digne de pardon, absolvez-moi.

Celle qui, si près de mourir, venait de dire cet apologue pour confession, c'était Azéla.. Peu d'instants après, elle expira. Et de cette femme si belle, qui eut tant d'adorateurs et qui fit tant d'heureux, il ne resterait pas même le souvenir, si son nom n'eût été donné à une des roses les plus belles et les plus rares de la riche collection qui existe aujourd'hui dans les jardins du château où elle reçut le jour, et si nous n'avions cru devoir la tirer de l'oubli et écrire son histoire, en vue de contribuer à la moralisation des roses pécheresses que l'automne menace d'une si déplorable transformation.

FIN.

Paris. — Imprimerie de DUBUISSON et Ce, rue Coq-Héron, 5

PORTRAITS DES FLEURS

PUBLIÉS OU EN PRÉPARATION

---

1. La Rose Azéla[illegible].
2. Un Camélia.
3. Les Belles de Nuit.
4. L'Œillet panaché.
5. La Fleur d'Oranger.
6. Le Dalhia bleu.
7. La Reine Marguerite.
8. Le Lis.
9. Un Bleuet égaré.
10. Le Lin ou Le Travail.
11. La Grenadine.
12. La Capucine ou Le Repentir.

Paris. — Imprimerie de Dubuisson et Ce, rue Coq-Héron.

www.ingramcontent.com/pod-product-compliance
Ingram Content Group UK Ltd.
Pitfield, Milton Keynes, MK11 3LW, UK
UKHW021648260726
13994UKWH00003B/1353

9 782329 387581